Thomas Mader

Innerstaatliche Integration und Desintegration am Beispiel der Archipelstaaten Indonesien und Philippinen

Eine politisch-geographische Analyse

GRIN Verlag

Bibliografische Information der Deutschen Nationalbibliothek:

Die Deutsche Bibliothek verzeichnet diese Publikation in der Deutschen National-
bibliografie; detaillierte bibliografische Daten sind im Internet über http://dnb.d-
nb.de/ abrufbar.

Impressum:

Copyright © 2001 GRIN Verlag GmbH
Druck und Bindung: Books on Demand GmbH, Norderstedt Germany
ISBN: 978-3-640-86325-9

Dieses Buch bei GRIN:

http://www.grin.com/de/e-book/19947/innerstaatliche-integration-und-desintegra-
tion-am-beispiel-der-archipelstaaten

GRIN - Your knowledge has value

Der GRIN Verlag publiziert seit 1998 wissenschaftliche Arbeiten von Studenten, Hochschullehrern und anderen Akademikern als eBook und gedrucktes Buch. Die Verlagswebsite www.grin.com ist die ideale Plattform zur Veröffentlichung von Hausarbeiten, Abschlussarbeiten, wissenschaftlichen Aufsätzen, Dissertationen und Fachbüchern.

Besuchen Sie uns im Internet:

http://www.grin.com/

http://www.facebook.com/grincom

http://www.twitter.com/grin_com

Geographisches Institut

Oberseminar: Wirtschaftsgeographie, WS 2000/01

Hausarbeit zum Thema:

Innerstaatliche Integration und Desintegration am Beispiel der Archipelstaaten Indonesien und Philippinen

- eine politisch-geographische Analyse -

vorgelegt von:

Thomas Mader

9. Semester MA, Fächer: Geographie, Philosophie, Politik

Inhalt

1. Geographisch-Historische Einführung

Für ein Verständnis der aktuellen politischen Situation, des Regionalismus und der separatistischen Tendenzen, ist ein tiefer Blick in die Geschichte notwendig. Dieses Kapitel soll deshalb etwas breiteren Raum einnehmen.

1.1 Indonesien

1.1.1. Zahlen und Daten

In Indonesien[1], dem größten Archipelstaat der Erde, zwischen Indischem und Stillem Ozean gelegen, leben 203,6 Mio. Menschen auf einer Fläche von 1.919.317 qkm (ohne Ost-Timor; zum Vergleich: Deutschland: etwa 357.000 qkm). Das entspricht einer Dichte von 106 Ew./qkm; allerdings sind die über 13.600 Inseln (davon etwa 3.000 dauerhaft bewohnt) sehr unterschiedlich dicht besiedelt; auf der wirtschaftlich und politisch bedeutsamsten Insel Java etwa kommen über 800 Einwohner auf einen qkm. Das viertbevölkerungsreichste Land der Welt hat eine jährliche Zuwachsrate von 1,7 %.[2]

Abb.1: Indonesien und das annektierte Osttimor
Quelle: Fischer Weltalmanach 1998. S. 347

---

[1] Zusammengesetzt aus den griechischen Wörtern „indos" (Indien) und „nesos" (Inseln).
[2] Vgl. Harenberg 2000, Fischer-Weltalmanach 1998 und Dequin, 1978, S.1

Die Ost-West-Ausdehnung des Äquatorialstaats beträgt rund 5.200 km, von Nord nach Süd sind es 1.900 km, womit Indonesien etwa die Entfernungen des Erdteils Europa einschließt. Die indonesische Landbrücke wird gemeinhin in drei Inselgruppen untergliedert: die Großen Sundainseln (Sumatra, Java/Madura, Kalimantan und Sulawesi), die kleinen Sundainseln (von Bali bis Timor) und der Große Osten (Molukken und Irian Jaya); aus wirtschaftlich-politischer Perspektive heraus bezeichnet man Java als Hauptinsel und die anderen als Außeninseln. „Innerstaatlicher Verkehr, politischer Zusammenhalt und sinnvolle, einheitliche Planung werden durch diese Insellage stark erschwert."[3]

1.1.2. Die Geschichte bis zur Unabhängigkeit

Indonesien, wie überhaupt Südostasien war durch seine Lage im Schnittpunkt diverser Handelswege und seine geographische Offenheit zu allen Seiten, seit jeher Einwanderungsraum und Schmelztiegel der Kulturen.

Die ersten mesolithischen Siedler Javas stammen aus dem pazifischen und australischen Raum, es finden sich Spuren melanesischer Kulturen und solche der Papuas; Wanderungen vom asiatischen Festland datieren sich aus dem Neolithikum.

Vom 2. Jhd. n. Chr. an begann die indische Periode Indonesiens, Händler brachten hinduistische und buddhistische Ideologien, das Sanskrit, Sitten und Gebräuche; ab dem 5. Jhd. bildeten sich mächtige Hindu-Javanische Königreiche.

Die Islamisierung Indonesiens begann Ende des 13. Jhds. durch Händler und reisende Gelehrte zunächst in Aceh, im Norden Sumatras, dann in den Häfen der javanischen Nordküste, um dann ebenfalls entlang der Handelsrouten, zunächst also in den Küstenorten, fortzuschreiten. Einige Regionen widerstanden jedoch relativ lange bis zum Ende des 15. Jhds., wie Minnangkabau in West Sumatra, das heute stark orthodox-islamisch ist; das javanische Königshaus Mataram etwa wurde erst im 16. Jhd. bekehrt; dies gilt besonders für schwach besiedelte Gebiete bzw. Inseln (etwa Sulawesi) oder die Molukken, die erst kurz vor Ankunft der Holländer zum Islam konvertierten – und entsprechend schnell wieder zum Christentum bekehrt werden konnten. Jedenfalls mischte sich in den meisten (ländlichen Gegenden) der Islam eher mit hinduistischen Einflüssen, statt dass er sie ersetzte, so dass sich eine speziell javanische (oder indonesische) gemäßigte, emanzipierte Form des Islam etablierte: Agama Jawa. Die vorislamischen Synkretismen fasst man auch als Adat zusammen, nach Vermischung mit dem Islam ergibt sich ein sogenannter Adat-Islam, der heute noch in Indonesien vorherrschend ist. Als ausgeprägt orthodox islamisch gelten Aceh und West-Sumatra, daneben auch Süd-Sulawesi, und West-Java. Bali, Lombok und Ost-Java sind bis heute Rückzugsgebiete des Hinduismus.

---

[3] Dequin, 1978, S. 1

Portugiesen und Briten gaben ein kurzes Zwischenspiel, noch bevor die Holländer eintrafen: Diese betrieben eine Faktorei im Königreich Bantam an der Sundastraße, jene kontrollierten über Forts den Gewürzhandel in der Java-See (Anfang bis Ende des 16. Jhds.).

Die *Vereenigde Oost-Indische Compagnie* (VOC) – eine der ersten Aktiengesellschaften überhaupt – verdrängte ab 1602 beide sehr rasch mit ihrem starken staatlich-militärischen Rückhalt; im Jahre 1641 blieb den Portugiesen nurmehr Timor. Bis 1800 hatten die Holländer praktisch ganz Java unter ihrer indirekten Kontrolle – sie nutzten interne Streitigkeiten und regierten über eingesetzte Fürsten. In diesem Jahr wurde die mittlerweile unrentable VOC jedoch aufgelöst – die Kriege in Europa hatten zuviel Geld gekostet (, das nicht mehr für den Kauf von Gewürzen oder weiteres militärisches Engagement in Übersee ausgegeben werden konnte).

Von 1811 bis 1816 wurden noch einmal die Briten, genauer die British East India Company, in Indonesien aktiv und richteten vor allem ein liberales Wirtschaftssystem ein.

Dann begann die eigentliche holländische Kolonialherrschaft; die Nederlandse Handels Maatschapji (NHM) übernahm die Rolle der VOC, betätigte sich jedoch verstärkt als Rohstoffproduzent. Die Ausbeutung (mittels Zwangsanbau etc.) wurde forciert durch die hohe Schuldenlast der Holländer, verursacht durch die napoleanischen Kriege. Durch technische Neuerungen (Suez-Kanal) wurde Indonesien ab 1870 besser erreichbar und mehr Holländer ließen sich dauerhaft nieder, schufen Infrastruktur, Schulen und Plantagen – und demonstrierten die Ungleichheit der Lebensstandards.

Dies, gewisse sozialistische Tendenzen und die mohammedanische Verjüngungsbewegung trugen wesentlich zum Aufkommen eines indonesischen (bzw. asiatischen) Nationalismus zwischen 1900 und 1940 bei. „Der indonesische Nationalismus war immer antikolonial, islamisch-sozialistisch und antichinesisch."[4]

1941 begann die japanische Besatzungszeit, die den Indonesiern gemeinhin recht große politische Freiheiten vermittelte, und an deren Ende 1945 die Proklamation der Unabhängigkeit durch Sukarno stand. Freilich wurde diese von den zurückkehrenden Holländern erst nach fünf Jahren verlustreichen und schäbigen Krieges anerkannt. Aus diesen unübersichtlichen und langwierigen Wirren heraus bildete sich 1949 die unitäre Republik Indonesien unter Präsident Sukarno.

1.1.3. Die neuere Geschichte

Es folgte eine parlamentarische Periode bis 1959, die gekennzeichnet war durch die Indonesierung der Wirtschaft mit einhergehender Verdrängung der Auslandschinesen (siehe 3.2.). Schon ab 1957 begann die Phase der sogenannten „gelenkten Demokratie"

---

[4] Dequin, 1978, S. 28

(ausdiskutieren statt abstimmen, bis zum Konsens á la Duma); dies und die langjährige Inflation führte immer wieder zu Aufständen auf den Außeninseln, etwa Sumatra und Sulawesi.

Trotz gewisser außenpolitischer Erfolge, isolierte Sukarno sein Land zusehends, indem er zuerst (1958) die Holländer hinauswarf, weil sie sich weigerten, das noch besetzte Neu-Guinea (Irian-Jaya) herauszugeben, später (1965) auch die Briten und Amerikaner. 1961, nach zahllosen politischen und militärischen Herausforderungen, gaben die Holländer nach und verließen Irian Jaya; es wurde 1962 von Indonesien besetzt. Sukarnos aggressiver Nationalismus ab etwa 1957 ist als Ablenkungsversuch von innenpolitischen (ökonomischen) Schwierigkeiten anzusetzen. In seiner zwanzigjährigen Herrschaft verschlechterte sich die wirtschaftliche Situation stetig, bis es 1965 zu einem Staatsstreich kam: Suharto übernahm die Amtsgeschäfte.

Drei Jahrzehnte autokratischer Herrschaft unter dem Stichwort „New Order" folgten. Aspekte werden im folgenden immer wieder aufgegriffen, deshalb hier nur der Verweis auf Abschnitt 2., der die Pancasila-Doktrin, und Suhartos Bestreben den Nationalstaat zusammenzuhalten, erklärt, und 3.2.2., der auf sein Verhältnis zur chinesischen Minderheit und das sich ihrer bedienende korrupte Wirtschaftssystem eingeht.

Eine schwere wirtschaftliche und politische Krise mit Beginn im Jahre 1997 führte dazu, das die dritte Welle der Demokratisierung auch Indonesien erreichte. Hyperinflation führte zu studentischen Unruhen und Ausschreitungen gegen chinesische Kaufleute, bei denen insgesamt etwa 600 Menschen ums Leben kamen. Suharto musste im Mai 1998 zurücktreten, sein Interimsnachfolger wurde Vizepräsident Bachruddin Jusuf Habibie.

Ende 1999 wurde Abdurrahman Wahid, der Kopf der NU, einer islamischen Sammelpartei, zum Präsidenten gewählt. Vizepräsidentin wurde Megawati Sukarnoputri, die Tochter des Staatsgründers Sukarno. Sie präsentieren sich als integrierende Partnerschaft islamischer Identität und sekulärer Weltanschauung; der erste vertritt eher die Vision eines föderalen Staates, Sukarnoputri will den zentralisierten Einheitsstaat gleich ihrem Vater.[5]

---

[5] vgl. van Langenberg, 2000

1.2 Philippinen

1.2.1. Zahlen und Daten

Die Philippinen verteilen ihre Fläche von 300.000 qkm auf 7107 Inseln, ihre 70.4 Mio. Einwohner jedoch auf nur 860 bewohnte Inseln; knapp die Hälfte dieser Inseln ist größer als 2,5 qkm; 53% der Bevölkerung wohnt in Städten – trotzdem gelten statistische 235 Menschen je qkm. Das Bevölkerungswachstum betrug 2,9% zwischen 1985 und 1995 (2,3% aktuell); d.h. die Bevölkerungspyramide steht auf einer sehr breiten Basis: Anfang der Neunziger waren etwa 57% der Bevölkerung unter 20 Jahre alt. Der Anteil der Christen liegt bei 93,8%, die zweitgrößte religiöse Gruppe sind die Muslime mit 4,6%.[6] Ethnisch bestimmen die Filipinos mit 85-90% das Geschehen, es folgen Malayen mit 5-8%; die Chinesen nehmen nur einen Bevölkerungsanteil von rund 1% ein; dies liegt auch daran, dass die größere Zahl der chinesischen Mestizen als Filipinos in die Statistik eingehen.[7]

Vom fünften bis etwa zum 20. Breitenkreis – das sind 1.850 Kilometer – erstrecken sich die Philippinen zwischen Südchinesischem Meer und Pazifischem Ozean; die zwei Hauptinseln, Luzon mit der Hauptstadt Manila im Norden (105.000 qkm) und das muslimische Mindanao im Süden (95.000 qkm) werden verbunden (oder getrennt) durch die Visayan Inseln: dies sind die drei Hauptregionen.

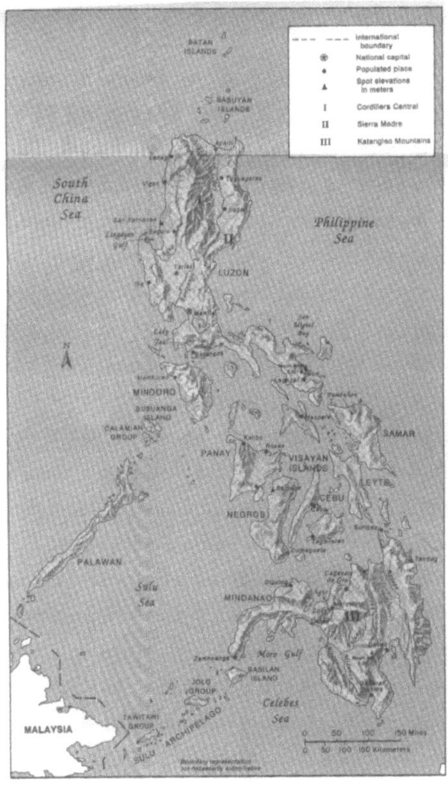

Abb. 2: Topographische Karte der Philippinen
Quelle: Dolan, 1993, S. 70

---

[6] vgl. Harenberg 2000, Fischer-Weltalmanach 1998 und Dolan, 1993, S. xxiii (Introduction) und S. 68f.
[7] vgl. Stahr, 1997, S.19

1.2.2. Geschichte bis zur Unabhängigkeit

Die Frühgeschichte der Philippinen deckt sich weitgehend mit der Indonesiens (siehe 1.1). Dies gilt auch für die Islamisierung, die von Süden her in das Archipel drang, speziell in die Sulu-See, jedoch nur bis Mindanao und bedingt in wenige Gebiete um Manila vorstieß. Jedoch gab es hier keinen indischen oder sonstwie kultivierenden Einfluss, der Islam und später das Christentum trafen auf Animistische Völkchen.

Die ersten Europäer – genauer: die Spanier unter Magellan – kamen 1521 und annektierten, was sie vorfanden; allerdings bis 1965 ohne Erfolg. Die Inseln erhielten ihren Namen nach König Philip, dem II. von Spanien.

Die Muslime (Moros) im Süden, wie die Igorot, nördliche Bergstämme, widersetzten sich erfolgreich der nun einsetzenden Christianisierung. Anders als die Holländer auf Java, fanden die Spanier weder Gewürze noch wertvolle Bodenschätze; die Kolonie war unprofitabel. Der wachsende Galeonenschiffsverkehr mit Mexiko und Spanien lockte schnell Chinesen an, die sich – wie in Indonesien – als Händler und Mittler zwischen Eingeborenen und Europäern betätigten und sich als solche unentbehrlich machten; auch hier waren sie ein Machtpotential, das einerseits von den Spaniern benutzt, andererseits auch gefürchtet wurde. Es kam schon im 17. Jhd. zu Massakern an Chinesen.

1762 markiert den Anfang vom Ende der spanischen Herrschaft, denn gegen Ende des siebenjährigen Krieges (Spanien und Frankreich gegen England) nahmen die Briten Manila ein, das sie allerdings zwei Jahre später zurückgeben mussten. Die Spanier waren aber in Ansehen und Handlungskraft so geschwächt, dass einige der folgenden lokalen Revolutionen zumindest zeitweise erfolgreich waren; etwa die von Diego Silang im nördlichen Luzon. Hervorzuheben sind aber die fortgesetzten Raubzüge, die der islamische Süden (aus Mindanao) gegen die christlichen Gemeinden der Visayan Inseln und Luzon führten; Sklaven waren die Beute. Die Chinesen, müde der spanischen Diskriminierung, unterstützten die Briten.

Der Handel nahm anschließend Aufschwung, rapide ab 1834 als der Freihandel eingeführt wurde und natürlich 1869 durch die Eröffnung des Suez-Kanals; nur waren es vor allem Briten und Amerikaner, die davon profitierten. Negros wurde zur Zuckerinsel; Tabak und vor allem Hanf waren außerdem die wichtigsten Exportgüter.

Das wachsende Nationalbewusstsein des 19. Jhds. war eine eher urbane, auch von aussen beeinflusste (Exil-Philippinos, Studenten in Europa), Bewegung, die sich aber mit der Tradition der ländlichen Revolten verband. Der gewalttätige, spanische Konservatismus förderte dies nur.

Eine landesweite Revolte 1896 brachte schließlich den Stein der Unabhängigkeit ins Rollen; in Cavite hielten sich die Rebellen unter Emilio Aguinaldo, dies war der Status Quo. Die

Entscheidung nahmen die Amerikaner den Philippinos ab. Im Zuge des Spanisch-Amerikanischen Krieges von 1898 (eigentlich ging es um Kuba) nahmen die Amis Manila ein, ohne die verbündeten Guerilleros am Sieg zu beteiligen. Die philippinische Unabhängigkeitserklärung vom 12.6.1898 verhallte weitgehend bedeutungslos, die Philippinen wurden amerikanische Kolonie; denn die Amerikaner, die offiziell gegen den Sklavenhandel gekämpft hatten, verrieten ihre ehemaligen Verbündeten und „kauften" die Philippinen (sowie Puerto Rico und Guam) für 20 Mil.US$ - mitsamt Einwohnern. Der folgende Widerstandskrieg – Aguinaldo gegen Amis – forderte etwa 200.000 Opfer in der Zivilbevölkerung (durch Hunger und Krankheit) und bezog auch die Visayan Inseln und Mindanao mit ein, wo die christlichen Philippinos für ihren eigenen Staat kämpften. Die Moslems (Moros) verhielten sich weitgehend neutral. Erst als die Amis begannen, sich nach Ende des Krieges 1903 in ihre kulturellen Angelegenheiten zu mischen, wuchs der bewaffnete Widerstand bis etwa 1914, als er gebrochen wurde. Die historische Autonomie der Muslim-Regionen wurde etwa dadurch untergraben, dass ab 1903 die US die Zuwanderung der Christen forcierten, um Mindanao ökonomisch auszubeuten; Moro-Autoritäten und Bräuche wurden nicht anerkannt. Dennoch sahen die Moros zumindest in späteren Jahren ihren Feind nicht in Amerika, im Gegenteil, sie befürchteten in einem unabhängigen Staat von den Christen unterjocht zu werden und baten gar 1935 in Washington um den Verbleib bei den USA.

Die Anzahl der Chinesen 1931 betrug zwischen 80.000 und 100.000; hauptsächlich waren sie in der Periode der US-Herrschaft eingewandert; die älteren Generationen chinesischer Abstammung hatten sich längst weitgehend mit der lokalen Bevölkerung gemischt; die sogenannten Mestizen bildeten gar einen Teil der Oberklasse, der *ilustrados*.

Die Amerikaner gingen daran, das Land zu demokratisieren und auf die Unabhängigkeit vorzubereiten – und natürlich daran zu verdienen -, als der zweite Weltkrieg in Gestalt der Japaner sie im Jahr 1941 bis 45 vertrieb. Wieder wehrten die Philippinos sich: 1 Million Tote auf ihrer Seite. Eine besondere Rolle spielte dabei die Huk (People's Anti-Japanese Army, später People's Liberation Army). 1946 kam die Unabhängigkeit, die USA behielten die Hoheitsrechte über einige Militärbasen.

1.2.3. Die neuere Geschichte

Die folgende Huk-Rebellion der Jahre 1949-51 war eng verbunden mit der Bauernbewegung, die gegen die ausbeuterischen Landbesitzverhältnisse kämpften und den sozialistischen Bestrebungen der kommunistischen Partei PKP; zerfiel aber schließlich in rein kriminelle Kleingruppen.

Es folgte eine demokratische Periode, die unter dem 1965 gewählten Präsidenten Ferdinand Marcos in eine Diktatur schlitterte. Im Zuge der Maoistischen Revolution löste eine neue kommunistische Partei CPP die alte PKP ab, und ihr militärischer Arm, die New People's Army (NPA) die Huk; von Tarlac, im Norden von Manila breitete sie sich aus. Auf Mindanao kam es zu Gewaltausbrüchen zwischen den christlichen Siedlern, deren Einwanderung wieder vom Staat gefördert wurde; 1969 wurde die Moro National Liberation Front (MNLF) als muslimische Guerrilla-Armee gegründet – übrigens in Malaysia, das wie andere islamische Staaten, etwa Libyen, zu ihren Unterstützern zählte. Ein wichtiger Grund war die zunehmende Verdrängung der Moros von ihrem Land (durch staatlich gesteuerte Zuwanderung der Christen); gehörte 1912 noch fast ganz Mindanao den Muslims, stellten sie 1972 nur noch 30 Prozent der Landeigner, in vielen ihrer Städte waren sie zur Minderheit geworden, wurden zweitklassig behandelt. [8] 1980 stellten sie in nur fünf von 22 Provinzen Mindanaos eine Mehrheit, von 11 Millionen Einwohnern waren nur 2,5 Mio. Muslims.[9]

Im September verhängte Marcos – nach einem vorgetäuschten Attentat auf den Verteidigungsminister – Kriegsrecht und regierte so bis 1981. Kommunistische Aktivitäten und die muslimischen Separationsbewegungen schufen den Nährboden für eine Akzeptanz dieser Maßnahme bei der Bevölkerung, oder zumindest bei der Elite. Unglaubliche Korruption und Wellen von Verhaftungen und Attentaten von seiten Marcos' gegen Oppositionelle folgten. Die Armee verwandelte sich in einen machtvollen politischen Akteur.

Die kommunistische Aktivität stieg nochmals in den frühen 80ern, die MNLF hatte ihren Gewalt-Höhepunkt Mitte der 70er; interne Querelen und Aufspaltungen, sowie der Abschnitt von Nachschub, schwächten aber die Separatisten-Bewegung.

1983 wurde Benigno Aquino, der als Oppositionsführer einen Status ähnlich Nelson Mandela besaß, bei seiner Rückkehr aus dem Exil noch auf dem Flughafen erschossen; er wurde zum Märtyrer, die (weitgehend städtische) People's Power Bewegung formierte sich in seinem Fokus (aus alter politischer Opposition unter Laurel, später Vizepräsident, aus Kirche, Wirtschaftselite, Linksgruppen und reformwilligen Teilen des Heeres) und stürzte Marcos 1986 (die damalige Revolution verlief ähnlich der in Jugoslawien 2000). Aquinos Witwe Corazon wurde zur Integrationsfigur und später zur Präsidentin.[10]

Sie überlebte (auch politisch) sechs Staatsstreiche in sechs Jahren, und war relativ erfolgreich, was die Re-Demokratisierung des Landes anging. Zum Ende ihrer Amtszeit zählte die kommunistische NPA 20.000 Vollzeit-Gorillas... äh Guerillas, die Moros verhielten sich aus oben genannten Gründen relativ ruhig; zudem wurde 1990 eine autonome Region in Mindanao eingerichtet.

---

[8] vgl. Bertrand, 2000, S. 43f.
[9] vgl. Stahr, 1997, S. 245
[10] Die Informationen des gesamten Abschnitts stammen wesentlich aus Dolan, 1993, S. 3-62 (Historical Setting)

General Fidel Ramos folgte 1992 Corazon Aquino als Präsident. 1996 wurde ein Friedensabkommen mit den islamischen Separatisten unterzeichnet (siehe dazu 4.2.), das den Bürgerkrieg (zwischen 50.000 und 100.000 Opfer) offiziell beendete.

Auf Ramos, der aus verfassungsrechtlichen Gründen kein zweites Mal kandidieren durfte, folgte 1998 Joseph Estrada als Präsident.

2. Regionalismus und nationale Einheit

„The geographical character of maritime South-East Asia is such as to allow a sense of regional identity to exist alongside whatever national consciousness may have developed as the result of a shared experience in attaining independence."[11]

Um diese Aussage zu verstehen, hilft es, sich zu vergegenwärtigen dass es sich bei Indonesien, wie auch bei den Philippinen um relativ junge Staaten gewaltiger Ausdehnung handelt, die sich zudem aus unzähligen kleinen Inseln zusammensetzen, von denen viele eine von den anderen sehr verschiedene Geschichte haben. Dies gilt für die Bevölkerung in ethnischer, kultureller, linguistischer und religiöser Hinsicht, für die Kolonialgeschichte, aber auch für die Voraussetzungen für die Besiedlung: Rohstoffe, Klima, Größe etc. Beides sind zentral regierte Länder, alle wichtigen Entscheidungen fallen in der Hauptstadt, bzw. auf der Hauptinsel, Java oder eben Luzon. Die bis vor kurzem autoritäre Form des Regimes und der damals wie heute vorhandene Klientelismus und die Korruption in den zentralen Verwaltungs- und Planungsstellen ließen und lassen kein großes Vertrauen in diese aufkommen. Der Vergleich mit den umliegenden Boom-Ländern Malaysia und Singapur und ihrem höheren Lebensstandard liegt nahe. Der Wunsch nach kultureller Selbstbestimmung, Kontrolle über die Bodenschätze, Freiheit von Missmanagement und Repression (Steuern, Abgaben, Diskriminierung, Gewalt (para-)militärischer Gruppen etc.), nach Landreformen und selbstgesteuerter Ökonomie wird hierdurch verständlich. Die Existenz von Separatisten-Bewegungen in Indonesien und den Philippinen ist daher keineswegs verwunderlich.

Nationalbewusstsein im Sinne von Zusammengehörigkeitsgefühl ist ein wichtiger Faktor für die politische Stabilität eines Landes. Einige wesentliche Faktoren, die die Entstehung eines solchen positiv beeinflussen würden (aber nicht müssen), sind in Inselindien nicht gegeben: gemeinsame Sprache, Kultur oder Religion. Erst die Kolonialmächte fassten die verschiedenen Staaten und Systeme, die in ihrem Einflussbereich existierten ihren (hauptsächlich ökonomischen) Interessen entsprechend zusammen und schufen die Grundlage der heutigen Staaten. Tatsächlich scheint sich ein gemeinsames Bewusstsein aber eher durch den gemeinsamen Kampf für die Unabhängigkeit – oder zumindest gegen die Kolonialmächte – eingestellt zu haben.

---

[11] Osborne, 1979, S. 199

Eine der ersten Aktionen nach der Unabhängigkeit in Indonesien war die Festschreibung der „Pancasila" in der Verfassung, ähnlich einer Präambel, sichtbarstes Zeichen für den Willen der Gründerväter, das Land zusammenzuhalten – wörtlich: die fünf Prinzipien. Dies sind: 1. Der Monotheismus, 2. Die Humanität, 3. Die Einheit Indonesiens, 4. „eine durch weise Abwägung in gemeinsamer Beratung durch die Volksvertreter geleitete Demokratisierung, 5. Soziale Gerechtigkeit. „Diese Doktrin basierte auf einer allgemeinen Harmonisierung der Gesellschaft und des staatlichen Lebens sowie auf einem die Gegensätze eines Vielvölkerstaates zu überwinden suchenden Nationalismus"[12].

Zwar wurde hier bewusst auf die Festschreibung einer Staatsreligion verzichtet, aber spätestens mit der Machtergreifung Suhartos wurde die Pancasila durch ein straffes autokratisches und technokratisches Korsett ergänzt und wurde dadurch auch zum Werkzeug, etwa gegen Minderheiten, die dem Polytheismus frönten, speziell die konfuzianischen oder taoistischen Chinesen. Aber auch islamische Organisationen und Parteien (seit jeher Träger separatistischer Bestrebungen) wurden unter dem „New Order Regime", im Zuge einer „Entpolitisierung der Politik" 1984/85 zur Pancasila zwangsverpflichtet und damit neutralisiert oder zumindest marginalisiert. Man kann es auch so ausdrücken: Das Suharto-Regime trennte die Ebenen Gesellschaft, Islam und Staat voneinander; die erste sehr komplex und traditionsreich, der letzte sehr jung und übersichtlich, dazwischen der organisierte Islam, der zwischen die Fronten gedrängt wurde.[13]

Ein wichtiges Instrument zur Förderung der nationalen Einheit (oder Abhängigkeit) war schon seit Kolonialzeiten die Siedlungspolitik. Auf den Philippinen wurde seit damals bis in jüngste Zeit die systematische Überwanderung der Muslims mit Christen betrieben (siehe dazu 4.2.). Und in Indonesien wurde etwa der „Transmigrasi", einem politischen Siedlungsprogramm, unterstellt, „dass durch Umsiedlung von Java auf die Außeninseln staatliche Zugehörigkeiten abgesichert und nur lose räumliche Verbindungen gestärkt werden"[14]. (Wenn es auch einige hier nicht auszuführende positive Argumente gibt.)

Tatsächlich verschleierte die integralistische Vorstellung einer Völkerfamilie – Staatsmotto: „Unity in Diversity" – den Widerspruch zwischen dem idealisierten indonesischen Nationalstaat und der Realität eines zentralisierten Bürokratenstaates.

Nun, nach Ende des Suharto-Regimes, werden Stimmen laut, die offen eine Abkehr vom Java-Zentrismus hin zu einem föderalistischen System fordern (etwa die „Jakarta Post" am 10. November 99): Autonomie für die Regionen um ein Auseinanderfallen des Staates zu verhindern. Noch zwei Jahre zuvor eine Undenkbarkeit so etwas in die Öffentlichkeit zu rücken, tatsächlich steht das Thema nun im grellen Scheinwerferlicht der politischen

---

[12] Stahr, 1997, S. 107
[13] vgl. Stahr, 1997, S. 114
[14] Zimmermann, 1999, S. 9

Bühne.[15] Internationale Beobachter sprachen gar von einem zu erwartenden Zerfall ähnlich dem der UdSSR oder Jugoslawiens.

Schon drei Monate nach dem Fall Suhartos, 1998, veröffentlichte ein Magazin eine Umfrage, der zu Folge 90 Prozent der Befragten sich besorgt zeigten, über die Gefahr eines Auseinanderbrechens Indonesiens, 80 Prozent sahen das Aufkommen ethnisch und religiös motivierter politischer Parteien als Steigerung dieser Gefahr, 85 Prozent waren überzeugt, dass auch die Kontrolle der Wirtschaft durch Minoritäten dies fördere. Was zweifellos auf die Chinesen anspielt. Neben Besorgnis spiegeln diese Ergebnisse auch die Meinung, dass mehr Autonomität, insbesondere über Förderung und Verwendung von Bodenschätzen (Öl) oder Kontrolle über die damit verbundenen Abgaben, Not tut.

Tatsächlich wurde auch als Reaktion auf diese Geschehnisse im April 1999 ein Gesetz verabschiedet, das eine Neuverteilung der Verantwortlichkeiten für lokale Ressourcen vorsah.[16]

Bewegungen die Selbstbestimmung fordern, teils friedlich, teils radikal, gibt es zur Zeit in zwei Gegenden der Molukken, einige in Sulawesi, Riau (Ölvorkommen; außerdem Nähe zu Singapur), in West- und Ost-Kalimantan, West Sumatra (Aceh) und nicht zuletzt das durch den Tourismus zu Wohlstand gekommene hinduistische Bali – um nur einige zu nennen. Das 1963 besetzte Irian Jaya ist wie das 1975 annektierte Osttimor ein Sonderfall (siehe 4.1.). Die unter 3.1. genannten muslimischen Bewegungen kommen hinzu.[17]

3. Grenzlinien – eine ethnische, soziale und religiöse Differenzierung

3.1. Die Rolle des Islam

Der Islam mit seinen weltweit eine Milliarde Muslimen ist eine wichtige politische und zugleich auch immer bedeutender werdende weltanschauliche Kraft. Unter den 500 Millionen Menschen in Südostasien sind 200 Millionen Muslime (davon allein 170-180 Millionen allein in Indonesien, nur rund 3 Mill. auf den Philippinen) und vice versa unter der eine Milliarde Muslimen weltweit 200 Millionen Südostasiaten. Die aktuelle Rolle des Islam in Bezug auf die Differenzierung einer Gesellschaft lässt sich vielleicht am besten verstehen, indem man sich vergegenwärtigt, dass wir uns in einer Zeit des raschen Übergangs befinden: von einer bipolaren Welt – geprägt durch die Gegenüberstellung zweier ökonomischer, weltanschaulicher und politischer Systeme, die jeweils für sich einen Alleingeltungsanspruch erhoben –, hin zu einer globalisierten Welt der Regionen. Der Liberalismus hat erfolgreich den Sozialismus verdrängt, der Kapitalismus den (real existierenden) Kommunismus; die

---

[15] vgl. van Langenberg, 2000
[16] vgl. Booth, 1999
[17] vgl. van Langenberg, 2000

Waage neigt sich und der Islam tritt an, ein neues Gegengewicht zu bilden. Mit seinen Grundprämissen, wie dem Primat einer göttlichen Ordnung, der Rückbesinnung auf bestimmte moralische Eckwerte oder der Verheißung einer neuen Sozialstaatlichkeit fordert er das „westliche System" heraus, stellt es in Frage und bietet sich als traditionsbehaftete, somit konservative Alternative an.[18] Er wächst da, wo es gesellschaftliche, politische und wirtschaftliche Ungleichgewichte gibt; je extremer diese sind, desto extremer dürfte die Ausprägung des Islam ausfallen.[19]

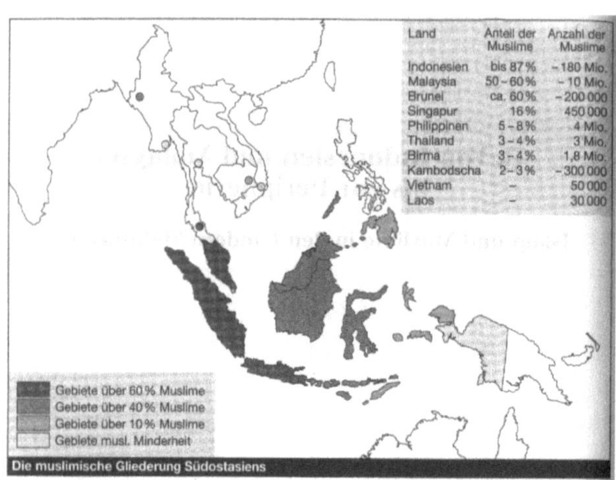

Land	Anteil der Muslime	Anzahl der Muslime
Indonesien	bis 87 %	~180 Mio.
Malaysia	50–60 %	~10 Mio.
Brunei	ca. 60 %	~200 000
Singapur	16 %	450 000
Philippinen	5–8 %	4 Mio.
Thailand	3–4 %	3 Mio.
Birma	3–4 %	1,8 Mio.
Kambodscha	2–3 %	~300 000
Vietnam	–	50 000
Laos	–	30 000

Abb.3: Die muslimische Gliederung Südostasiens
Quelle: Stahr. 1997. S. 104

Dies ist vor allem in der Sulu-See (Stichwort: Jolo) zu beobachten, wo die Muslime seit Kolonialzeiten ihr Land und ihre Kultur gegen Christianisierung und die gezielte Umkehrung der demographischen Verhältnisse verteidigen müssen. Die Politik der Überwanderung hat Marcos von den Spaniern abgeschaut. Hinzu kommt die soziale Komponente: Die Muslims lehnen häufig die öffentlichen Schulen ab und schicken ihre Kinder in die eigenen, die sie aber nicht für den Zugang zu Universitäten qualifizieren. So bleibt das Bildungsniveau niedrig. Teils damit zusammenhängend ist diese vom Bürgerkrieg gebeutelte Region aber auch das Armenhaus der Philippinen, die in Mindanao lebenden Muslims wiederum, die ärmsten Bewohner der Region.[20]

In Indonesien war der Islam Identifikationsfaktor im Kampf gegen die holländischen Kolonialherren, hat es aber nicht bis zur Staatsreligion gebracht, wie die teils gewaltbereiten Gegner der antiislamischen Pancasila-Doktrin (siehe 2.) dies gerne gesehen hätten. Zwar war er die am besten organisierte und am stärksten im Volk präsente gesellschaftliche Kraft, aber nur in einer sehr weit gefächerten Ausprägung. In der Folge der Unabhängigkeitskämpfe erreichte er nie mehr die damalige Einheit, sondern präsentiert sich

---

[18] siehe auch Stahr, 1997, S. 1ff.
[19] zur Geschichte des Islam siehe 1.1.2.
[20] vgl. Stahr, S. 245ff.

heute als ein Nebeneinander von unterschiedlichen Richtungen und Strömungen, die sich grob in Traditionalisten und Modernisten unterscheiden lassen.[21]

Ohne konkrete Zahlen nennen zu können, differenziert man auch in pro-forma-Muslime, die nur gewohnheitsmäßig oder rein formal dem Islam angehören, den Adat-Islamisten, die einer synkretistischen Form anhängen und als gemäßigt gelten, und den reineren bis orthodoxen Islamisten. Die „moderne Weltauffassung", die im wesentlichen eine liberale, technifizierte, atheistisch-existenzielle ist, könnte man als zunehmend wichtigen, in den Städten wirksamen, Einflussfaktor nennen. Gerade gegen Ende der Suharto-Ära konstatierten viele Beobachter eine stärkere Identifikation mit dem Islam unter den Jugendlichen, aber auch eine generelle Selbstaufwertung, ein neues islamisches Selbstbewusstsein (auch der pro-forma-Muslime; dies als solidarisierende Reaktion auf die wirtschaftliche Misere.[22]

Der Islam ist ein Ventil; nicht zuletzt deswegen ist auch Habibie, ein prominenter Muslimführer, Interimsnachfolger Suhartos geworden. Unter ihm entwickelte sich die ICMI (Vereinigung Muslimischer Intellektueller Indonesiens) zu einem neuen dominanten islamischen Pol neben der traditionsreichen NU unter ihrem Führer Abdurrahman Wahid (NU = islamische geduldete Sammelpartei mit 35 Mio. Mitgliedern), der eine Adat-Islamisierung des Landes (gegen die Pancasila) vorantreibt.[23] Er ist seit kurzer Zeit Präsident Indonesiens.

Die muslimischen Separatisten-Bewegungen der Philippinen sind unter 4.2. beschrieben; in Indonesien hatten solche Gruppen ihre Zentren traditionell in Aceh, West-Java und Sulawesi. Besonders Aceh, im Nordwesten Sumatras, nimmt bis heute einen Sonderstatus ein, als politische Provinz, wie gesellschaftlich: so gilt einzig hier offiziell die Schari'a, die Rechtsprechung gemäß dem Koran. Solche kleinen radikalen Zentren versorgen sich mit Geld und Waffen bei radikalislamischen Staaten wie Libyen und Iran, aber auch in Malaysia, das die separatistischen Tendenzen der nachbarlichen Provinz(en) großzügig unterstützt.[24]

3.2. Überseechinesen – die „Juden Asiens"

„Überseechinesen in Südostasien waren und sind häufig Adressaten von und Grund für Auseinandersetzungen."[25] „Alle Länder Südostasiens mit einem chinesischen Bevölkerungsanteil unterdrücken oder unterdrückten diese Minderheit in der einen oder anderen Form." ... Eine „Rolle als funktionales Instrument haben oder hatten sie überall, mit länderspezifischen Unterschieden"[26], auf den Philippinen (Bevölkerungsanteil: 1%) sicher

---

[21] vgl. Stahr, 1997, S. 110ff.
[22] vgl. Stahr, 1997, S. 114 und S. 134
[23] vgl. Stahr, 1997, S. 137f.
[24] vgl. Stahr, 1997, S. 127 und S. 131
[25] Pfennig, 1988, S. 12ff.
[26] Pfennig, 1988, S. 75

wesentlich schwächer als in Indonesien, das in der Folge exemplarisch behandelt werden soll, denn: „Die Chinesen – rund 3 Prozent der indonesischen Bevölkerung – befinden sich im Drehpunkt einer heiklen Balance ökonomischer, politischer, ethnischer und religiöser Interessen, deren Beibehaltung, Verlagerung und Zusammenbruch die Zukunft Indonesiens bestimmen wird."[27]

3.2.1. Sozialgeschichte der chinesischen Minderheit in Indonesien

Die ersten chinesischen Siedlungen an der Nordküste Javas entstanden in der Tang-Periode (618-907), zuvor gab es nur einzelne Handelskontakte oder Pilgerreisen von Chinesen. Doch erst die Holländer forcierten ab dem 17. Jhd. die chinesische Einwanderung, da sie diese als Mittler zwischen einheimischen Produzenten und europäischen Handelsgesellschaften benötigten; die Holländer gingen anfangs gar an der Südküste Chinas auf Menschenjagd. Zu Beginn des 18. Jhds. hatte die Immigration jedoch eine solch starke Eigendynamik erreicht, dass die Holländer um ihre Vorherrschaft im Handel bangten und 1740 ein chinesisches Ghetto abfackelten und 10.000 Menschen töteten.

Für die Chinesen selbst war die wirtschaftliche Not in Südchina – verbunden mit einer starken Bevölkerungszunahme – ausschlaggebend, ihr Glück in der Ferne zu suchen. Zu diesem Push-Faktor trat Mitte des 19. Jhds. ein Pullfaktor hinzu, der die eigentliche Masseneinwanderung in Gang setzte. Die Interessen der Holländer dehnten sich vom reinen Handel auf die Rohstoffproduktion aus, vom Kommerzialismus zum eigentlichen Kolonialismus. Für Berg- und Plantagenbau wurden fremde Arbeitskräfte benötigt, da die einheimischen Bauern abhängige Lohnarbeit ablehnten, genauer: chinesische Kulis, ehemalige Bauern, Arbeiter und Handwerker, die in ihrer Heimat nicht hätten überleben können und sich sklavereiähnlichen Arbeitsverträgen unterwarfen. Gleichzeitig verlagerte sich das Interesse (und damit der Siedlungsschwerpunkt der Chinesen) weg von Java hin nach Sumatra (und zu den vorgelagerten Zinninseln

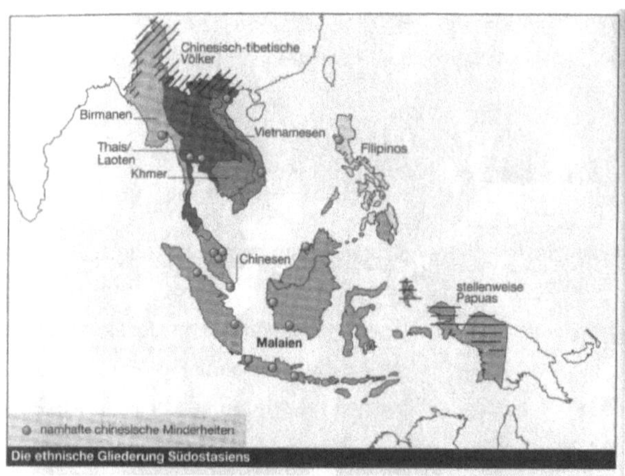

Abb.4: Chinesische Minderheiten in Südostasien
Quelle: Stahr, 1997, S. 20

---

[27] Pfennig, 1988, S. 13f.

Bangka und Belitung) und Kalimantan. Auch sollten die Chinesen eine kommerzielle Infrastruktur aufbauen: komplementäre Klein- und Mittelbetriebe als Zuarbeiter und -lieferer und als Absatzvermittler für die europäischen Großbetriebe – um die Verbindung zwischen dem modernen Welthandel und den traditionellen Dorfgemeinschaften zu schaffen.

Seit dieser Zeit sind viele Chinesen sozial aufgestiegen und damit auch mobiler geworden. Heute ist der chinesische Anteil an der indonesischen Bevölkerung (2,8% oder 4 116 000 Menschen; Stand: 1988) in drei Gebieten überproportional stark: Auf Java mit Scherpunkten an der Nordküste und in der Umgebung Jakartas; an der Ostküste Sumatras (mit den erwähnten Zinninseln und den Bauxitinseln des Riau-Archipels (Hier: über 50% Bevölkerungsanteil); dazu die Westküste Kalimantans. Die Chinesen leben heute überwiegend urban, allein in den fünf Großstädten Jakarta, Surabaya, Pontianak, Medan und Palembang leben über 20% aller Chinesen – was sich auch historisch erklärt: Die Chinesen wurden von den Holländern als funktionale Gruppe im Handel und in der Verwaltung eingesetzt, was städtisches Leben zur Voraussetzung hat; ja, ihnen wurde gar der Landerwerb verboten, die Ansiedlung auf dem Land erschwert. Eine Politik, die auch die unabhängige indonesische Regierung fortsetzte und gar verstärkte, um moslemische Kleinhändler zu schützen. In den genannten Hauptsiedelgebieten der Chinesen haben sie in allen größeren Städten einen Bevölkerungsanteil zwischen 10 und 15%.
In Ostindonesien gibt es praktisch bis heute keine Chinesen.[28]

3.2.2. Ressentiments & Pogrome

Die Überseechinesen sehen sich in vielfacher Hinsicht ähnlichen Vorurteilen und auch –zum Teil staatlich organisierter – Gewalt ausgesetzt, wie die Juden vor dem zweiten Weltkrieg in Europa, speziell Deutschland.
Auf die durchaus vorhandenen Unterschiede innerhalb der chinesischen Minderheit (Kultur, Assimilationsgrad, Staatsangehörigkeit) will ich hier nicht eingehen. Unabhängig davon kann jedoch festgestellt werden, dass die Chinesen im allgemeinen die Landessprache Bahasa Indonesia, ja sogar die lokalen Dialekte besser beherrschen, als die autochthonen Indonesier – zweifellos ein Indikator für ihre gemeinhin bessere Bildung und fortgeschrittene Assimilation. Eine bittere Ironie also, dass sie als fremdartige Minderheit diskriminiert werden.[29] Neid spielt dabei wohl eine große Rolle. Konfessionell orientieren sich viele Chinesen eher zum Christentum, als zum Islam, ihre polytheistische Tradition steht unter großem Anpassungsdruck und wird auch immer wieder als Vorwand für antichinesische Einstellung genannt (Stichwort: Schweinefleischessen).

---

[28] vgl. Pfennig, 1988, S. 30-36
[29] vgl. Pfennig, 1988, S. 53ff.

Politisch standen sie immer zwischen den Fronten: im Unabhängigkeitskrieg wurden sie der Kollaboration mit den Holländern verdächtigt, während des japanischen Interregnums waren alle gegen sie, später wurden sie mit der kommunistischen Volksrepublik Chinas und folglich mit der kommunistischen Partei Indonesiens assoziiert; im Kampf gegen diese (1965-67), wurden einigen Schätzungen zufolge bis zu 300.000 Chinesen getötet; nicht einmal auf direkte Anordnung von oben – Suharto war in dieser Hinsicht eher gemäßigt –, aber Ausschreitungen, Übergriffe Krimineller und Lynchjustiz in kleinerem und größerem Umfang wurden oft von regionalen Behörden toleriert oder gar inszeniert.

Viele Vorurteile sublimieren schlicht ökonomische bzw. soziale Gegensätze. Für die vorletzte Jahrhundertwende gilt: „Die antichinesische Einstellung erklärte sich daraus, dass die Chinesen als Geldverleiher Wucher trieben, von den Holländern als Steuereinzieher und Anwerber für Plantagenarbeiter beschäftigt waren."[30] – Dieses Zitat beschreibt ein Stereotyp, das sich in ähnlicher Form bis heute gehalten hat. Tatsächlich trifft das Klischee vom „chinesischen Händler" nur bedingt zu; zwar spielten und spielen die Chinesen eine bedeutende Rolle im Wirtschaftsleben Indonesiens (wie Südostasiens): Sie wurden von den Holländern entsprechend als funktionale Gruppe eingesetzt, jedoch waren z.B. vor der Weltwirtschaftskrise „nur" 36,6% aller Chinesen Händler, 30,8% waren in der Urproduktion, sprich im Bergbau, und 20%in der Industrie tätig. Ihre Erfolgsgeschichte (aus unternehmerischer Sicht) ist aus ihrer kulturell bedingten Geschäftskultur (Erfolgsorientiertheit und hoher Stellenwert der Bildung), aber auch durch Bevorzugung durch die Holländer zu erklären. Am Ende der Kolonialzeit kontrollierten sie den Zwischenhandel und auch einen Großteil des Großhandels.; Konkurrenz bekamen sie nur von westlichen, z.T. multinationalen Unternehmen.

Unter Sukarno (und später Suharto) waren sie von Anfang an einer Welle protektionistischer bzw. diskriminierender Gesetze ausgeliefert, die ihnen zuerst den Absatz „leicht verkaufbarer Konsumgüter" verboten, später den gesamten Einzelhandel und schließlich den Erwerb von Kulturland und den Großhandel; eine Kopfsteuer wurde eingeführt, Sprache und Schrift verboten, chinesische Schulen geschlossen; Aufenthaltsverbote auf dem Land trieben die Chinesen in die Städte (betroffen waren etwa 400.000 von ca. 2,4 Mio.), moslemische Vereinigungen (Assat-) führten ungestraft Pogrome durch. Der Vorwurf der räumlichen Abgrenzung und freiwilligen Segregation ist also ebenfalls eine Verdrehung historischer Zusammenhänge. Die Chinesen eigneten sich stets als Sündenbock und Instrument der indonesischen Innenpolitik, wurden aber gleichzeitig immer benötigt, um internationale Wirtschaftskontakte herzustellen.

Die Wirtschaftslage verschlechterte sich daraufhin weiter und drastisch. Es entstand ein „Ali-Baba-System", bei dem die Geschäfte offiziell von einem Ali, einem Pribumi (d.h. Indonesier)

---

[30] Dequin, 1978, S. 28

geführt wurden, der eigentliche Kopf aber war ein Baba, ein Chinese. Unter Suharto hieß das dann „Cukongismus", er selbst nutzte dieses System, um sich und seine Familie bzw. Anhängerschaft extrem zu bereichern – was die Chinesen erneut zu einem politisch instrumentalisierbaren Faktor in internen Machtkämpfen machte. Über die Cukongs wurde das System Suhartos kritisiert. Von der Pribumi-Bevölkerung wurden sie direkt mit Korruption in Verbindung gebracht oder sogar dafür verantwortlich gemacht, obwohl sie in dieses für sie nachteilige System hineingepresst worden waren.

Für das Jahr 1988 gilt, dass 90% der indonesischen Wirtschaft verstaatlicht sind. Die restlichen 10% unterteilen sich in in- und ausländische Unternehmen, die inländischen wiederum nach chinesischen und Pribumi-Eigentümern. „Der chinesische Bereich erscheint nur deshalb so groß, weil viele Pribumi-Eigentümer ihre Unternehmen von Chinesen leiten lassen."[31]

Die (geforderte) Assimilation der Chinesen ist vor allem ein Problem der Perspektive der Pribumi-Ober- und Mittelschicht; die Konkurrenz besteht hier – und nicht etwa in den ohnehin unterprivilegierten Schichten der Großstadtslums. Eine wesentliche Änderung der Lage ist nicht zu erwarten, da die gesellschaftlichen Voraussetzungen fehlen. Dies wurde zuletzt bei den antichinesischen Ausschreitungen im Jahr 1998 deutlich, bei denen sich der Volkszorn über Preiserhöhungen und das korrupte Suharto-Regime (das in der Folge abdanken musste) in der ethnischen Minderheit einen Sündenbock suchte. Bei den Chinesen wurde und wird immer mit zweierlei Maß gemessen, denn während an sie die Assimilationsforderung gestellt wird, gilt für die Politik gegenüber den anderen Ethnien das Konzept des kulturellen Pluralismus.

3.3. Ethnische Minderheiten

Solange die einzelnen Ethnien nicht offen gegen das Konzept der Indonesischen Nation antreten, bleiben sie unbehelligt.[32]

In Indonesien gibt es zwischen 200 und 350 Sprachen und stark differenzierte Dialekte, die – unter Ausschluss von Irian Jaya – von mindestens 35 ethnischen Gruppen gesprochen werden. Eine klare Definition oder genaue Abgrenzung ist meist nicht möglich.

Die Javanen machen etwa 50% der Gesamtbevölkerung, die Sundanesen etwa 15%, die Küsten- oder Wassermalayen 10% und die Maduresen 7% aus; die Balinesen, Buginesen, Minankabau, Acehnesen und Bataks bringen es auf je 5%. Daneben gibt es eine Unzahl kleinerer ethnischer Gruppen, die sich über die Ausseninseln verteilen und nochmals stark in sich differenziert sind.

„Der negroide Osten von Ost-Nusa Tenggara und den Molukken wird im Kontakt mit den übrigen Indonesiern eine verdeckte Diskriminierung feststellen müssen. Auf die Bewohner

---

[31] Pfennig, 1988, S. 74

Kalimantans schauen die Javanen oft etwas herabsetzend herab, was durch die dort noch vorhandenen animistischen Elemente verstärkt wird."[33]

„Die ethnischen Minderheiten der Philippinen umfassen ca. 70 ethnolinguistische Gruppen mit sieben Millionen Menschen (= 14 Prozent der Gesamtbevölkerung)."[34]

Die Mindanao Lumad stellen mit 2,1 Mil. die größte Gruppe, dies sind alle nicht-muslimischen Bergstämme Mindanaos. Die indigene Bevölkerung der Cordilleren in Nord-Luzon beläuft sich auf etwa 1 Mil.; die Caraballo-Stämme im östlichen Zentral-Luzon, die Agta, Aeta und einige mehr machen jeweils etwa 160-100.000 aus.

Die kleinen ethnischen Minderheiten sind meist der Willkür der Entwicklungsdiktatur ausgeliefert, oft geraten sie zwischen die Fronten – übrigens schon seit Kolonialzeiten –, etwa bei der Verfolgung der kommunistischen New People's Army auf den Philippinen: „Mit der Legitimation, die Verstecke der Guerilla zu lokalisieren, dringt das Militär in die Dörfer der Stammesgemeinschaften ein, plündert,

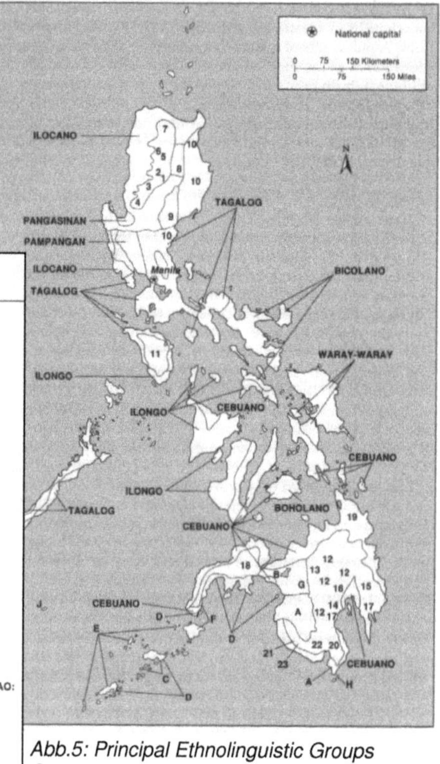

Classification of Cultural-Linguistic Groups

MAJOR GROUPS INCLUDED ON MAP:

Ilocano	Ilongo
Pangasinan	Waray-Waray
Pampangan	Cebuano
Tagalog	Boholano
Bicolano	

MUSLIM GROUPS:

A	Maguindanao	F	Yakan
B	Maranao	G	Ilanon
C	Tausug	H	Sangir
D	Samal	I	Melabugnan
E	Bajau	J	Jama Mapun

UPLAND TRIBAL GROUPS – LUZON:

1	Ifugao	6	Tingulan
2	Bontoc	7	Isneg
3	Kankanay	8	Gaddang
4	Ibaloi	9	Ilongot
5	Kalinga	10	Negrito

UPLAND TRIBAL GROUPS – MINDORO AND MINDANAO:

11	Mangyan	18	Subanun
12	Manobo	19	Mamanua
13	Bukidnon	20	Bila-an
14	Bagobo	21	Tiruray
15	Mandaya	22	T-Boli
16	Ata	23	Tasaday
17	Mansaka		

Abb.5: Principal Ethnolinguistic Groups
Quelle: Dolan, 1991, S. 78

zerstört Hütten, Felder und Vorräte, foltert und ermordet Bewohner"... „1989 wurden bei solchen Operationen 106 Menschen getötet, 110 gefoltert, 369 illegal verhaftet und fast

---

[32] vgl Pfennig, S. 94
[33] Dequin, 1978, S. 31
[34] Hegemanns, 1990, S. 4

12.000 vertrieben."[35] Konzerninteressen, Fragen des Landtitels und die Rohstoffausbeutung sind nur Stichworte, die auf weitere Konfliktpotentiale mit den „Ureinwohnern" hinweisen. Spätestens seit den 70ern, als Marcos einen exportorientierten Kurs der Wirtschaft einschlug, wurden sie aus diesen Gründen bedrängt, umgesiedelt etc. Einer landesweiten Organisation der Betroffenen stehen vor allem das (Para-)Militär, die Regierung und finanzielle Not entgegen; dennoch gibt es vorwiegend friedlich agierende Organisationen.[36] „Insgesamt zählte die Philippine Alliance of Human Rights Advocates (PAHRA) 115 bewaffnete Gruppen, die gegen Menschenrechts- und ähnliche Organisationen vorgehen. Davon sind 77 rechtsradikale Gruppen, 25 religiöse Fanatiker und 13 bandenähnliche Zusammenschlüsse."[37] Ändert sich diese Lage nicht, ist langfristig mit einem Genozid der Ureinwohner zu rechnen.

4. Brennpunkte – aktuelle politische Entwicklungen

4.1. Osttimor

Die kleine Insel zwischen Banda- und Timorsee wurde 1512 von Portugiesen entdeckt, die sich erst 1769, angelockt vom Sandelholz, fest in der heutigen Hauptstadt Dili etablierten, als ihre Macht in Südostasien stark geschwunden war. Die Niederlande hatten schon den Westen der Insel unter Kontrolle, 1859 einigte man sich auf den Grenzverlauf zwischen Ost und West. Noch bis lange nach dem zweiten Weltkrieg, nämlich bis zur portugiesischen „Nelkenrevolution" von 1974, blieb Osttimor Kolonie. Es wurde relativ unvorbereitet, das heißt mit einer noch jungen politischen Parteienlandschaft in die Unabhängigkeit entlassen.

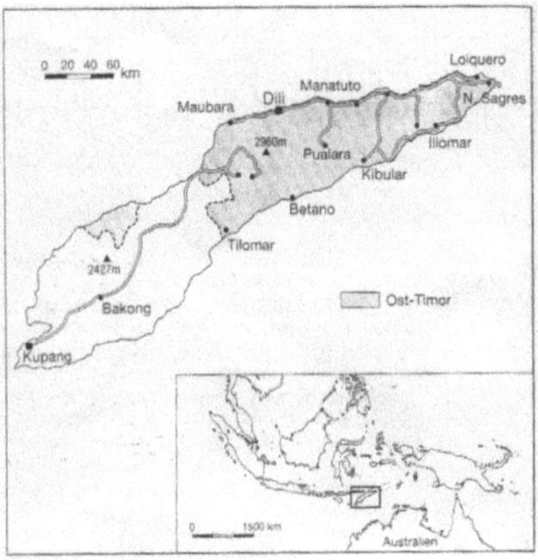

Abb.6: Osttimor.

Quelle: Praxis Geographie 2/1999. S. 18

Drei Parteien/Richtungen hatten sich herauskristallisiert: Die spätere „Fretilin", die ein unabhängiges Timor anstrebte, die Demokratische Union Timors (UDT), die eine Föderation mit Portugal favorisierte und schließlich die Demokratische Volksassoziation der Timoresen, kurz: Apodeti, die Osttimor an Indonesien anschließen wollte. Aus den ersten Wahlen von 1975 ging die Fretilin als

---

[35] Hegemanns, 1990, S. 3
[36] vgl. Hegemanns, 1990, S.6, S. 14
[37] Hegemanns, 1990, S. 15

absoluter Sieger hervor (55%), die Apodeti erhielt nur 5%; jedoch wandte sich inzwischen auch die UDT (40%) Indonesien zu. Am 28.11.75 rief die Fretilin die „Demokratische Republik Osttimor" aus, anderthalb Wochen später eroberte Indonesien die Hauptstadt und setzte eine „Provisorische Regierung" ein, im Juli 1976 avancierte Osttimor zur 27. Provinz Indonesiens.[38]

Erklärlich wird das Interesse des „großen Bruders" einerseits durch die lukrativen Erdölvorkommen in der Timorsee, die Indonesien sich mit Australien teilt, andererseits durch die Vision des Staatsgründers Sukarno eines Reiches von Sabang bis Merauke, die sein Nachfolger Suharto übernahm.

Die Fretilin entwickelte sich zur Guerilla-Bewegung. Blutvergießen und Instabilität kennzeichnen die folgenden zweieinhalb Jahrzehnte des Bürgerkriegs. „Selten ist der Zynismus der Weltpolitik klarer demonstriert worden als am Beispiel Osttimors. Die zahlreiche und weitverbreitete Berücksichtigung der Realpolitik hat einer außergewöhnlich brutalen Form des Neokolonialismus stattzufinden erlaubt. Von einer Bevölkerung zwischen sechshundert- und siebenhunderttausend Menschen sind nahezu zweihunderttausend in direkter oder indirekter Folge der indonesischen Invasion umgekommen."[39]

Ähnlich, wenn auch abgeschwächt, ist die Situation in Irian Jaya (auch: West Neu Guinea), das bis 1963 in holländischem bzw. für eine Übergangsphase amerikanischem Besitz blieb, und dann von Indonesien annektiert wurde.

Erst der Sturz Suhartos machte den Weg frei für eine geplante Autonomie-Lösung unter Schirmherrschaft der UNO, aber noch Habibie – und mit ihm große Teile des einflussreichen Militärs – schloss einen separaten Staat Osttimor aus, weil er nicht eine Kettenreaktion von Separationsbewegungen lostreten wollte.

Trotzdem brachte seine Ankündigung eines Autonomie-Referendums einen „Prager Frühling" für Osttimor; trotz massiver Bedrohung wählte die Bevölkerung am 30. August 1999 für die Autonomie, woraufhin es zu schweren Unruhen und Anschlägen durch paramilitärische von Indonesien unterstützte Gruppen kam, an deren Ende allerdings die faktische Unabhängigkeit stand.[40]

4.2. Südphilippinen – das 1996er Friedensabkommen

Was auf Jolo und den Nachbarinseln der Sulusee geschieht, geisterte so lange durch die Medien, wie ausländische, genauer: deutsche Geiseln, in Gefahr waren. Die Armeeoffensive gegen die Rebellen, die auf die Freilassung der meisten westlichen Geiseln folgte, erregte

---

[38] vgl. Hoffmann, 1999, S. 17
[39] Hoffmann, 1999, S.19 (Auszug aus der Rede des Vorsitzenden des Nobel-Kommitees zur Verleihung des Friedensnobelpreises 1996 an den osttimoresischen Bischof Belo und Fretilin-Führer Ramos-Horta.)
[40] vgl. van Klinken, 2000

nur für etwa eine halbe Woche die Gemüter. Im folgenden sollen nicht diese „tagesaktuellen"
Geschehnisse wiedergekäut werden; vielmehr ist es Ziel dieses Abschnitts, die Ursachen zu
beleuchten, die zu einem erneuten Ausbruch der Gewalt, nach dem Friedensabkommen von
1996, geführt haben.

Die Tradition des muslimischen Widerstandes reicht bis in die Kolonialzeit und darüber
hinaus zurück, der „moderne" Kampf der MNLF (Moro National Liberation Front) begann
1969, zu Hintergründen und Geschichte siehe 1.2.

Zwar gab es schon unter Marcos ein sog. Tripoli-Abkommen von 1976 mit den Rebellen,
dass ihnen weitgehende Autonomie für 13 Provinzen (von 22) und neun Städte auf
Mindanao zusicherte, doch Marcos hielt sich nicht daran; die Kämpfe gingen weiter, die
Atmosphäre war vergiftet. Erst durch den von Aquino in Gang gesetzten Prozess der
Demokratisierung entstand eine Vertrauensbasis, die unter ihrem Nachfolger Fidel Ramos zu
dem Vertragsabschluss von 1996 führen konnte. Tatsächlich hatten die Moros unter ihrem
Führer Nur Misuari sogar auch militärisch zu Aquinos People Power Revolution beigetragen.
Ein weiterer Faktor war die vorhergegangene Schwächung der MNLF durch innere
Streitereien und Druck von aussen durch die OIC (Organisation of the Islamic Conference).[41]

Die Basis der MNLF-Ideologie lag in einem eher schwachen islamischen Nationalismus,
gepaart mit Marxismus und dem Willen zur Sezession, gespeist von jahrhundertealter und
immer wieder aktueller Segregation und Diskriminierung seitens der massiv zuwandernden
Christen; dies war Ende der Siebziger nicht genug, um eine Aufspaltung entlang
ideologischer und ethnischer Linien zu verhindern. Neben einer geschwächten (und
verhandlungsbereiten) MNLF, die vor allem von den Tausugs getragen wurde, entstand eine
stärker islamistische MILF (Moro Islamic Liberation Front), unterstützt von den Volksgruppen
der Maguindanao und Maranao.[42]

Verhandlungen mit Aquino scheiterten nicht an der Grundfrage der zu gewährenden
Autonomie, sondern an der des Territoriums und der durch Überwanderung veränderten
Bevölkerungsmehrheiten; die MNLF beanspruchte 14 Provinzen, Aquino wollte nur fünf mit
muslimischer Mehrheit gewähren; eine Einigung wurde auch durch Aquinos schwache
militärische Position verhindert (zur Erinnerung: sechs Staatsstreiche wurden gegen sie
angestrengt).

Trotz fehlenden Vertrages führte Aquino ein Plebiszit durch: alle Städte und selbst die
muslimische Region Basilan stimmte gegen die Autonomie; vier Provinzen stimmten für eine
„Autonomous Region of Muslim Mindanao" ARMM, die daraufhin auch als autonome
Regierung, mit legislativen und exekutiven Funktionen und einer starken Bürokratie,
implementiert wurde. Das war noch zu wenig für die MNLF, die wieder agitierte, als Ramos

---

[41] vgl. Bertrand, 2000, S. 38f.

an die Macht kam, bis dieser einer Erweiterung der ARMM auf Basis des Tripoli-Vertrages zustimmte.[43]

Abb.7: Das geplante muslimische Autonomiegebiet
Quelle: Fischer Weltalmanach 1998, S. 575

Es wurde eine drei Jahre dauernde Übergangsperiode vereinbart, während derer das „Southern Philippines Council for Peace and Development" (SPCPD), eine direkt dem Präsident unterstellte temporäre Verwaltungseinheit, den Prozess leiten sollte. Dazu zählte die Integration von 7.500 MNFL-Kämpfern in die regulären Streitkräfte und die Polizei. Eine neue autonome Regierung sollte nach dem 99er Plebiszit im betreffenden Gebiet SPCPD und ARMM ersetzen; Sicherheitskräfte, Bildungswesen, Vertretung im nationalen Parlament – all dies war durch den Vertrag geregelt. Nur Misuari wurde temporär zum gewählten Governor der ARMM, um die Akzeptanz des Friedensplans zu sichern.[44]

Aus folgenden Gründen droht der Friedensplan zu scheitern (Stand 1998): In der SPCPD kam es zu Missmanagement und Korruption; Nur Misuari und die MNLF konnten vor allem deswegen nicht die nötige Akzeptanz für ihren Führungsanspruch über alle Bewohner der autonomen Regionen, Moslems (3 Millionen) und Nicht-Moslems, herstellen; dies gilt auch für die rivalisierende MILF, die sich übergangen fühlt und ihrerseits nach weiteren Kämpfen ein separates Friedensabkommen mit der Regierung aushandelt. Autonomie geht ihr nicht weit genug, sie will einen separaten Staat.[45] Weiter sind die Lumads, die traditionellen Stämme, etwa 2,1 Millionen Menschen[46], nicht eingebunden. Die christlichen Bewohner werfen der Regierung vor, der MNLF zu viele Vollmachten zugestanden zu haben; immerhin bilden sie in 17 der 22 Provinzen Mindanaos eine Mehrheit (das Zahlenverhältnis mit 8 Mio. Christen zu 3 Mio. Muslims spricht auch nicht gerade für einen Islam-Staat), die Gruppierung

---

[42] vgl. Bertrand, 2000, S. 41
[43] vgl. Bertrand, 2000, S. 39f.
[44] vgl. Bertrand, 2000, S. 41f.
[45] vgl. Reiterer, S. 333
[46] siehe Hegemanns, 1990, S.4 (auf S. 13 spricht er allerdings von 4 Mil. Lumads)

Vereinigtes Christliches Kommando für Mindanao kündigte an, mit Gewalt gegen das Abkommen zu kämpfen. Weiterhin berührt der Friedensvertrag nicht die Frage der ungleichen Landbesitzverhältnisse in Mindanao, die eine grundlegende für die Schaffung und den Erhalt von Frieden ist. In den Jahren seit Unterzeichnung des Vertrags, kam es nicht zu einer bedeutenden Verbesserung der Lebensverhältnisse der Bevölkerung – mit Ausnahme der wachsenden Zahl derer, die sich in den Institutionen bereichern –, auch durch fehlende Unterstützungsmaßnahmen der Regierung; Unzufriedenheit und Misstrauen gegen die Ernsthaftigkeit der Vereinbarungen wird so geschürt. Jedoch wurde – wohl bewusst – durch die Struktur der Übergangsverwaltung, die Verantwortung an Nur Misuari und die MNLF abgegeben; dieser gerät aber wegen Korruption und dem Aufbau eines Patronagesystems immer mehr in die Kritik. Die Meinungen sind gespalten, ob die SPCPD überhaupt genug Autonomie besitzt, um eine muslimische Identität zu vertreten, sie scheint sich zu einem lokalen Vollstrecker und Vermittler der Politik des Staates zu entwickeln.[47]

Die Situation im Jahr 2000 stellt sich folgendermaßen dar: Die MNLF hat etwa 50.000 Mann unter Waffen, verhält sich aber ruhig, weil sie in den Friedensprozess eingebunden ist, die MILF hat etwa 30.000 Mann und kämpft weiterhin gewaltsam aber sporadisch für einen separaten Staat, wenngleich Friedensverhandlungen mit der philippinischen Regierung geführt werden. Einige Splittergruppen haben sich kriminialisiert, wie dies auch bei der Huk-Armee Anfang der 60er geschah. Die Abu Sayyaf ist nur ein „prominentes" Beispiel; ihr gehören nur etwa 1000 Mann an, davon sind schätzungsweise 200 bewaffnet.[48] Über das Ergebnis des 1999er Plebiszits zur Autonomie der 14 Provinzen konnte der Verfasser leider bis zum Redaktionsschluss keine Informationen ausfindig machen.

6. Fazit

Mit dem Fall der autoritären Regimes in Indonesien und etwas früher auf den Philippinen ist auch ein Stück Stabilität in der Region weggebrochen. Dies ist nicht bedauerlich, handelte es sich doch um eine gewaltsam aufrechterhaltene, somit künstliche Stabilität, welche die wahren Verhältnisse nur weitgehend verdeckte. Dies gilt für den ökonomischen, genauso wie für den sozialen Bereich.

Die heutige Situation auf den Philippinen stellt sich auf den ersten Blick dual dar – vernachlässigt man die ethnischen und sozialen Konflikte um ethnische Minderheiten –, Christen im Norden, Muslims im Süden. Es konnte gezeigt werden, dass dieses simplifizierte Bild so nicht zutrifft. Durch fortgesetzte Überwanderung haben sich die demographischen Gewichte verschoben, die Muslims sind längst Minderheit im eigenen Land, sie müssen wohl

---

⁴⁷ vgl. Bertrand, 2000, S. 37, 47 u. 49, sowie Fischer Weltalmanach 1998, S. 577

zu Recht fürchten, das Schicksal der meisten indigenen (Berg-)Völker zu teilen: überzutreten oder unterzugehen. Sie sind auch untereinander zerstritten. Eine gleichwie geartete Autonomielösung für Mindanao kann nicht allen Beteiligten gerecht werden. Das Problem hat eine starke soziale (wie ethnische) Dimension, die Ebenen überlagern sich hier, doch es ist eben kein rein soziales Dilemma, sondern ähnlich wie im Nordirland-Konflikt, sind die Religionen zu Trägern der Identität geworden, so das eine langfristige Hebung der Lebensstandards diese Kontraste bzw. Feindbilder auf absehbare Zeit nicht abbauen wird. Dennoch ist die Region wirtschaftlich zu stärken die einzig vernünftige Maßnahme; dies hat jedoch Frieden zur Voraussetzung. Ein Teufelskreislauf der angeheizt wird von Korruption oder Unfähigkeit der Beteiligten. Das Problem wird der Region auf absehbare Zeit erhalten bleiben.[49]

In Indonesien präsentiert sich das Problem der Integration bzw. Desintegration noch ungleich komplexer. Es brennt gleichsam an allen Ecken. Hier will ich mich auf einige allgemeine Thesen beschränken, ohne auf die konkreten Fälle einzugehen.

Der Staat muss sich rundum erneuern, weg vom Zentralismus, hin zu einem föderalen System, will er ein Auseinanderfallen verhindern. Einige Beobachter[50] glauben, dass Osttimor nur ein Sonderfall ist, dass die meisten Bewohner Indonesiens sich neben ihrer regionalen Identität auch mit einer Nation Indonesien identifizieren können. Zweifellos eine Nation, deren Grundlage nicht die Abstammung ist (wie dies vielfach leider noch in Deutschland gesehen wird), sondern die Verfassung, mithin eine Idee.

Verfassungsänderungen sind nötig, die Entscheidungen und die Planung wieder auf die regionale Ebene lenken, die so auch den in Jakarta oder Java lokalisierten (und verfilzten) Beamtenapparat sprengen und verteilen. Durch den Verlust der räumlichen Nähe könnte auch das gewachsene ausgedehnte Patronagenetzwerk zumindest schrumpfen; doch dies ist vermutlich nur ein frommer Wunsch ist.

Eine Radikalisierung der Ethnien, mithin eine Islamisierung des Landes steht zu befürchten, doch sollte man nicht das typisch javanische Streben nach Harmonie und Einklang unterschätzen, das zwar in der Vergangenheit so grausam karikiert wurde, aber dennoch Anlass zu Hoffnung bietet, die Peripherie, d.h. die kleinen Ethnien (und damit sind auch Religionsgemeinschaften gemeint) könnten ein größeres Mitspracherecht bekommen. Ein Abbau des extensiven Militärapparates ist ebenso eine Voraussetzung.

Auch diese Probleme sind nur durch eine konsequente und durchsetzungsfähige Politik zu lösen; bei der Vielzahl der Interessengemeinschaften, die sich im indonesischen Parlament und Kabinet tummelt, ist dies jedoch zu bezweifeln.

---

[48] vgl. Harenberg, 2000
[49] zu dieser Einschätzung kommt auch Stahr, 1997, S. 254
[50] etwa Anne Booth, 1999

Hoffnung gibt der wirtschaftliche Aufschwung, jedoch kommt es darauf an, den trickle-down-effect zu verstärken; und dies gilt auch für die Philippinen: Nur durch den Abbau der sozialen Unterschiede, durch spürbare Verbesserung der Lebensverhältnisse kann auch Akzeptanz für den Staat neu gewonnen werden und kann Toleranz gegenüber Mehr- oder Minderheiten forciert werden.

LITERATUR

BERTRAND, JAQUES: Peace and Conflict in the Southern Philippines: Why the 1996 Peace Agreement is Fragile. In: Pacific Affairs, Vol. 73 No. 1. University of British Columbia 2000. S. 37-54.

BERTRAND, JAQUES: False Starts, Succession Crises, and Regime Transition: Flirting with Openness in Indonesia. In: Pacific Affairs, Vol. 69 No. 3, University of British Columbia 1996. S. 319-340.

BOOTH, ANNE: Will Indonesia break up? In: Inside Indonesia No. 59, July – Sept 1999. Unter: www.serve.com/inside/edit59/

CROISSANT, AUREL : Demokratisierung und die Rolle der Zivilgesellschaft in Südkorea, Taiwan und auf den Philippinen. In: Aus Politik und Zeitgeschehen Nr. 48. Beilage zur Wochenzeitung „Das Parlament". Bundeszentrale für politische Bildung, Bonn 1998.

DOLAN, RONALD E.: (HRSG.) Phillipines. A Country Study. 4. Auflage, Federal Research Division, Library of Congress, 1993.

HARENBERG, BODO: Aktuell. Harenberg Lexikon der Gegenwart 2000. Harenberg Lexikon Verlag, Dortmund 2000.

HEGEMANNS, DIRK: Widerstands- und Organisationsformen ethnischer Minderheiten auf den Philippinen. Südostasien-Workingpaper No. 143, Bielefeld 1990.

HERMANN, NICOL-BENT & SCHÖTTKE, PHILIPP: „Indonesien" im Internet. In: Praxis Geographie 2/1999. Westermann SchulbuchverlagGmbH, Braunschweig.

HILD, HANS-HENJE: Was wird aus Indonesien? Politische Umbrüche im tropischen Inselstaat. In: Praxis Geographie 2/1999. Westermann SchulbuchverlagGmbH, Braunschweig.

HOFFMANN, THOMAS: Osttimor. Seit Jahrhunderten Spielball fremder Mächte. In: Praxis Geographie 2/1999. Westermann SchulbuchverlagGmbH, Braunschweig.

VAN KLINKEN, HELENE: Out of the Tiger's teeth. In: Inside Indonesia No. 61, Jan – Mar 2000. Unter: www.serve.com/inside/edit61/

VAN LANGENBERG, MICHAEL: End of the Jakartan empire? In: Inside Indonesia No. 61, Jan – Mar 2000. Unter: www.serve.com/inside/edit61/

MUNIR: The slow birth of democracy. ? In: Inside Indonesia No. 63, Jul – Sep 2000. Unter: www.serve.com/inside/edit63/

OSBORNE, MILTON E.: Politics and Problems. In: South-East Asia: A Systematic Geography, Oxford University Press 1979.

REITERER, GISELA: Die Philippinen. Kontinuität und Wandel. Sonderzahl VerlagsGmbH, Wien 1997.

STAHR, VOLKER S.: Südostasien und der Islam. Kulturraum zwischen Kommerz und Koran.Primus-Verlag, Darmstadt 1997.

TORNQUIST, OLLE: No shortcut to democracy. Interview mit Gerry van Klinken. In: Inside Indonesia No. 57, Jan – Mar 1999. Unter: www.serve.com/inside/edit57/

ZIMMERMANN, GERD: Indonesien – Raumanalytische Skizzen. In: Praxis Geographie 2/1999. Westermann SchulbuchverlagGmbH, Braunschweig.

OHNE ANGABE: Indonesia. Territorial Continuity: Irian Jaya and East Timor. Aus: Homepage der Library of Congress: www.lcweb2.loc.gov/frd/cs/idtoc.html